BEI GRIN MACHT SICH IHR WISSEN BEZAHLT

- Wir veröffentlichen Ihre Hausarbeit,
  Bachelor- und Masterarbeit

- Ihr eigenes eBook und Buch -
  weltweit in allen wichtigen Shops

- Verdienen Sie an jedem Verkauf

Jetzt bei www.GRIN.com hochladen und kostenlos publizieren

Bibliografische Information der Deutschen Nationalbibliothek:

Die Deutsche Bibliothek verzeichnet diese Publikation in der Deutschen National-
bibliografie; detaillierte bibliografische Daten sind im Internet über http://dnb.d-
nb.de/ abrufbar.

Impressum:

Copyright © 2009 GRIN Verlag, Open Publishing GmbH
Druck und Bindung: Books on Demand GmbH, Norderstedt Germany
ISBN: 978-3-640-80681-2

Dieses Buch bei GRIN:

http://www.grin.com/de/e-book/161655/wir-legen-tangram-figuren-aus-und-finden-
tricks-das-auslegen-von-umrissfiguren

Stefanie Hiller

Wir legen Tangram-Figuren aus und finden Tricks. Das Auslegen von Umrissfiguren im Unterricht

GRIN Verlag

GRIN - Your knowledge has value

Der GRIN Verlag publiziert seit 1998 wissenschaftliche Arbeiten von Studenten, Hochschullehrern und anderen Akademikern als eBook und gedrucktes Buch. Die Verlagswebsite www.grin.com ist die ideale Plattform zur Veröffentlichung von Hausarbeiten, Abschlussarbeiten, wissenschaftlichen Aufsätzen, Dissertationen und Fachbüchern.

Besuchen Sie uns im Internet:

http://www.grin.com/

http://www.facebook.com/grincom

http://www.twitter.com/grin_com

Studienseminar für Lehrämter an Schulen Hamm
Seminar für das Lehramt GHR (G) -

Schriftliche Unterrichtsplanung
zum 4. Unterrichtsbesuch im Fach Mathematik

Name:			
Datum:	17.06.2009		
Zeit:	9:00 Uhr- 9:45 Uhr		
Schule:			
Ort:			
Telefon:			
Klasse:	1a	16 Schülerinnen	11 Schüler
Teilnehmer/innen:			
Fachleiterin:			
Schulleiter:			
Ausbildungslehrerin:			

1 Thema der Reihe

„Wir spielen mit Formen."- eine handlungsorientierte und kreative Auseinandersetzung mit ebenen, geometrischen Grundformen durch Legen, Nachlegen und Auslegen zur Erlangung räumlichen Vorstellungsvermögens, zur Förderung der visuellen Wahrnehmungsfähigkeit und geometrischer Grunderfahrungen sowie zur Anbahnung einer geometrischen Sprachkultur.

2 Thema der Einheit

„Wir legen Tangram- Figuren aus und finden Tricks."- Erweiterung und Anwendung der Vorkenntnisse durch Auslegen von Umrissfiguren mit allen sieben Teilen des Tangrams und erstes Entdecken/ Verbalisieren von individuellen Legestrategien zur Förderung des räumlichen Vorstellungsvermögens und des geometrischen Darstellungsvermögens.

3 Aufbau der Reihe

1. Einheit: „Wir wiederholen die geometrischen Formen."- Wiederholung der Formeigenschaften von Kreis, Dreieck, Rechteck und Quadrat in einer Lernecke und erweitern der Kenntnisse über geometrische Grundformen durch kennen lernen des Begriffes Parallelogramm, um das Wissen über ebene Figuren aufzufrischen und die begrifflichen Vorraussetzungen für das Tangram- Spiel vorzubereiten.

2. Einheit: „Wir lernen das Spiel Tangram kennen und erzeugen damit eine Sommerlandschaft."- Kennen lernen der Teilfiguren eines Tangrams durch Zählen und Beschreiben dieser und erstes Erproben der Spielregeln durch freies Legen zum Thema `Sommerlandschaft` mit anschließender Veröffentlichung der Collage in der Klasse, um die visuelle Wahrnehmungsfähigkeit und geometrische Sprachkultur zu fördern.

3. Einheit: „Wir legen Tangram- Figuren aus und finden Tricks."- Erweiterung und Anwendung der Vorkenntnisse durch Auslegen von Umrissfiguren mit allen sieben Teilen des Tangrams und erstes Entdecken/ Verbalisieren von individuellen Legestrategien zur Förderung des räumlichen Vorstellungsvermögens und des geometrischen Darstellungsvermögens.

4. Einheit: „Wir legen Tangram- Figuren nach und benutzen unsere Tricks."- Anwendung der gewonnenen Kenntnisse auf weitere Tangram- Figuren, indem die Kinder in unterschiedlichen

Schwierigkeitsgraden Tangram- Figuren nachlegen, damit das räumliche Vorstellungsvermögen gefördert wird.

5. Einheit: „Wir erstellen eine Tangram- Kartei für die Freiarbeit."- Herstellung einer Kartei für die Freiarbeit durch kreatives Legen und Festhalten der Umrisse, damit die Spielregeln und die erkannten Legestrategien vertieft werden und ein Übergang von der enaktiven zur ikonischen Darstellungsweise von den Kindern selbst erzeugt wird.

4   Kernanliegen der Einheit

Erweiterung der geometrischen Grunderfahrungen, des räumlichen Vorstellungsvermögens sowie Förderung der visuellen Wahrnehmungsfähigkeit durch Auslegen von Umrissfiguren mit dem Legespiel „Tangram", indem die ebenen geometrischen Formen Dreieck, Rechteck, Quadrat und Parallelogramm zueinander in Beziehung gesetzt werden.

4.1   Zentraler Arbeitsauftrag

Lege die Figuren aus! Beachte die Tangram- Regeln!

4.2   Reflexionsauftrag bzw. Leitimpuls für die Reflexionsphase

Finde Tricks, die dir beim Legen helfen!

5   Begründung des Kernanliegens aus didaktischer und methodischer Sicht

5.1   Sachanalyse

Inhalt dieser Einheit ist das chinesische Legespiel „Tangram". Es gehört zu den berühmtesten Denkspielen der Welt.[1] Im Gegensatz zum klassischen Puzzle besteht das Tangram ausschließlich aus sieben gleichfarbigen ebenen Formen. Diese entstehen durch das einfache Halbieren von Seiten und Diagonalen eines Quadrates (Abb. 1): zwei große, kongruente gleichschenklige Dreiecke; zwei kleine, kongruente gleichschenklige Dreiecke; ein Quadrat; ein Parallelogramm und ein mittleres, gleichschenkliges Dreieck.

---

[1] Vgl.: Müller, Wittmann 1997, S. 10.

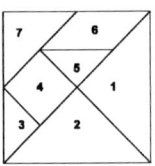

Alle entstanden Figuren sind somit flächen- und zerlegungsgleich. Der Sinn des Spiels besteht darin, dass man immer wieder neue Figuren aus Teilstücken legt. Derzeit sind über 1600 Legefiguren bekannt.[2] Die Regeln des Tangrams sind einfach. Es sollen immer alle sieben Formen zum Nachbilden der Bildvorlagen verwendet werden, das heißt keine Form darf übrig bleiben.[3] Die Formen werden immer aneinander (die Berührung an einem Punkt genügt schon, das heißt, es muss nicht immer eine Formseite vollständig angelegt sein) und nie übereinander gelegt. Die Nachbildung muss exakt der Bildvorlage entsprechen, sonst wurde die Aufgabe nicht gelöst. Geringste Veränderungen in der Nachbildung verändern die ausgelegte Figur sichtbar.[4]

Die Schüler greifen in dieser Einheit auf eine Vielzahl von oft auch unbewussten Legestrategien zurück:

- **Versuch und Irrtum:** Austausch der Tangram- Teile bis zum Finden der richtigen Lösung

→ Kippen, Verschieben und Drehen von Einzelteilen

- **mit größeren Plättchen beginnen**, sodass diese schnell einen festen Platz finden und so die Anzahl der noch zu legenden Teile reduziert wird[5]

- **Suche nach Anhaltspunkten:** mit eindeutigen, leicht identifizierbaren Teilformen am Rand beginnen und damit die Anzahl der noch zu legenden Teile reduzieren

- **Orientierung am Umriss** unterschiedlicher Teilfiguren

→ Form

→ Länge

→ Winkel/ Ecken der noch nicht ausgelegten Flächen (spitz, stumpf)

- **Ausnutzung von Form- Beziehungen und Kongruenz:**

→ Legen kongruenter Figuren durch mehrere Teilstücke/ große Plättchen gegen mehrere kleine tauschen und umgekehrt: zum Beispiel

- kl. Dreieck + kl. Dreieck = Quadrat

- kl. Dreieck + kl. Dreieck = mittl. Dreieck

- kl. Dreieck + kl. Dreieck = Parallelogramm

---

[2] Vgl.: Gawlista 2000, S. 16.
[3] Vgl.: Ebd. S. 16.
[4] Vgl.: Schmidt Spiele, Spielanleitung.
[5] Vgl.: Gawlista 2000, S. 16.

- Parallelogramm + kl. Dreieck = Trapez
- 2 mittl. Dreiecke (mittl. Dreieck + 2 kl. Dreiecke) = gr. Dreieck
- 2 mittl. Dreiecke (mittl. Dreieck + 2 kl. Dreiecke) = gr. Quadrat
- 2 Quadrate (Quadrat + 2 kl. Dreiecke) = Rechteck[6]

5.2   Didaktische Analyse

Nach Radatz & Rickmeyer zählt das handelnde (Lernen) sowie entdeckende Lernen zu den Prinzipien zur Gestaltung des Geometrieunterrichts in der Grundschule.[7] Die Kinder sollen in dieser Unterrichtsstunde anhand eines Tangrams ihr *Wahrnehmungs-*, *Vorstellungs-* und *Darstellungsvermögen* erweitern[8], so dass ihnen Handlungserfahrungen und praktische Tätigkeiten, wie hier das Legen, ermöglicht werden, indem sie vorgegebene, unterschiedlich anspruchsvolle Tangram-Figuren auslegen bzw. nachlegen. Denn „versteht man Denken im Sinne Piagets als verinnerlichtes Handeln (...), dann wird die Bedeutung des konkreten Handelns mit geometrischen Elementen besonders im Vor- und Grundschulalter deutlich"[9].

Diese Forderungen kann Tangram erfüllen. In der Auseinandersetzung mit dem Spiel, dem Aus- und Nachlegen von geometrischen Figuren, entwickeln und trainieren die SchülerInnen ihre visuelle Wahrnehmungsfähigkeit. Im Umgang mit den Tangram- Formen vertiefen und erweitern die SchülerInnen ihre Formenkunde; die Entwicklung des Begriffs „Flächeninhalt" wird gestützt, da alle Figuren zerlegungsgleich sind. Außerdem sammeln die Kinder erste Erfahrungen zur Invarianz der Flächengröße bei Formveränderung, ohne dass diese Begriffe eingeführt werden[10].

Während des Um- und Auslegens ist es notwendig, permanent Formen, Flächen und Längen neu zueinander in Beziehung zu setzen.[11] Gawlista[12] betont, dass kein anderes Lernspiel in der Lage ist die wichtigen Grunderfahrungen zu Geometrie zu vermitteln.

Laut Franke sind folgende Übungen mit dem Tangram denkbar:

- Vorgeben von Umrissfiguren zum Auslegen

- Abbildungen mit sichtbaren Teilen zum Nachlegen vorgeben

- Umrissfiguren (identische Größe oder kleiner als im Original) zum Nachlegen vorgeben

- Verbale Beschreibungen von Figuren (z. B. „Lege ein Dreieck.")

- Offene Aufgabenstellungen: „Lege Figuren. Erzähle dazu."[13]

---

[6] Vgl.: Ebd. S. 18.
[7] Vgl.: Radatz & Rickmeyer 1991, S. 18.
[8] Vgl.: Gawlista 2000, S. 16.
[9] Vgl.: Ebd. S. 8
[10] Vgl.: Radatz & Rickmeyer 1991, S. 70.
[11] Vgl.: Müller & Wittmann 2000, S. 72.
[12] Vgl.: Gawlista 2000, S. 16.
[13] Vgl.: Radatz & Rickmeyer 1991, S. 171.

5.3 Lehrplan

Die vorliegende Unterrichtsstunde ist dem Lernbereich *Raum und Form* zuzuordnen. Innerhalb dieses Lernbereichs bildet der Bereich „Ebene Figuren" einen eigenen Teilbereich. Die SchülerInnen schulen ihr räumliches Vorstellungsvermögen und die visuelle Wahrnehmungsfähigkeit, indem sie Figuren auslegen, nachlegen oder auch freie und eigene ebene Figuren entwickeln.[14] Nicht nur der Schwerpunkt „Raum" wird aufgegriffen, sondern vor allem „Ebene Figuren" stehen im Mittelpunkt dieser Einheit. Der im Lehrplan geforderte Vergleich bzw. das Untersuchen der einzelnen Grundformen [15] entsteht beim Auslegen der Figuren.

Ein besonderer Schwerpunkt der Unterrichtsstunde liegt in der prozessbezogenen Kompetenzerwartung *Darstellen und Kommunizieren*[16], da die Verbalisierung der Legestrategien versucht werden soll. Methodisch entspricht die Vorgehensweise ebenfalls den Lehrplananforderungen: So sollen die Beziehungen zwischen verschiedenen Darstellungsformen hergestellt werden[17], was durch die Möglichkeit, die Handlungen sowohl real als auch in der Vorstellung auszuführen, gestattet wird. An fachspezifischen Lernformen bekommt das *entdeckende Lernen* in dieser Einheit ein besonderes Gewicht. Die SchülerInnen können die Aufgaben auf unterschiedlichen Niveaus und über verschiedene Lösungswege lösen und werden somit darin gefördert verschiedene Strategien auszuprobieren und zu überdenken.

5.4 Lernvoraussetzungen der Schülerinnen und Schüler

Die SchülerInnen besitzen nur geringe schulische Vorerfahrungen im geometrischen Bereich. Im 1. Halbjahr der 1. Schulstufe haben sich die Kinder lediglich mit den geometrischen Grundformen Kreis, Dreieck, Quadrat und Rechteck auseinandergesetzt und sich kurz mit dem Auslegen einfacher Figuren beschäftigt. Das Legespiel Tangram oder auch das Mini- Tangram, welches die vereinfachte Form darstellt, war den SchülerInnen zu Beginn der Reihe unbekannt. Die Kinder haben vor dem Auslegen und der Thematisierung von Legestrategien das Tangram kennen gelernt und sind experimentierend mit dem Spiel umgegangen. indem sie Figuren, die in eine Sommerlandschaft passen, gelegt haben und dabei die Regeln eingehalten haben. Den SchülerInnen ist die Methode der Lernecke in der Weise vertraut, dass sie tischweise an die Lernecke geschickt werden und selbstständig Arbeitsmaterial (Tangram- Figuren zum Auslegen) auswählen. Auch ist ihnen die Sozialform der Partnerarbeit (Arbeit mit dem Banknachbarn) bekannt. Das Vorwissen über die geometrischen Formen Kreis, Quadrat,

---

[14] Vgl.: Lehrplan Mathematik Grundschule 2008, S. 64.
[15] Vgl.: Ebd. S. 64.
[16] Vgl.: Ebd. S. 60.
[17] Vgl.: Ebd. S. 55.

Rechteck, Dreieck und Parallelogramm („schiefes Viereck") wird in dieser Einheit als Lernvoraussetzung bei den SchülerInnen vorausgesetzt und wird im Einstieg als kurze Wiederholung in dem Spiel „Mein rechter, rechter Platz ist frei- Ich wünsche mir das rote Parallelogramm herbei." thematisiert.

Individuelle Lernvoraussetzungen

Merkmal	Konsequenz
XX ist ein Schüler mit türkischem Migrationshintergrund und hat gravierende Schwierigkeiten mit der deutschen Sprache. Aus diesem Grund versteht er oft Arbeitsanweisungen nicht.	Bei eventuell auftretenden Fragen oder Schwierigkeiten in der Arbeitsphase, werde ich diesem Schüler den Arbeitsauftrag noch einmal erläutern.
XX nimmt am GU Unterricht teil und wird zieldifferent unterrichtet. **XX** hat eine Wahrnehmungsstörung.	Ihnen kommen die anschaulichen Materialien entgegen. Zusätzlich bekommt Bajro von mir Figuren zum Auslegen, bei denen alle Hilfslinien bereits eingezeichnet sind (Alissa evtl. auch).
XX und **XX** sind im Unterricht aufgrund ihres Aufmerksamkeitsdefizits/ihrer geringen Konzentrationsspanne oft träumerisch und bekommen Arbeitsaufträge nicht mit.	Bei eventuell auftretenden Fragen bitte ich diese Kinder, sich an erster Stelle an die MitschülerInnen zu wenden.
XX und **XX** fallen gelegentlich durch unruhiges Verhalten auf, durch das sie ihre MitschülerInnen stören. Sie bringen häufig Äußerungen in die Unterrichtssituation ein, ohne sich zu melden.	Ich werde die drei Kinder gezielt auf ihr Verhalten ansprechen. Sollten die SchülerInnen spontane Äußerungen tätigen, werden diese an die Einhaltung der Regeln erinnert.

5.5   Didaktische Reduktion

Eine didaktische Reduktion findet inhaltlich dadurch statt, dass die SchülerInnen zunächst Silhouetten auslegen statt des üblichen Nachlegens von verkleinerten Figuren. Des Weiteren können die Kinder eine Auswahl der auszulegenden Tangram- Figuren treffen. Der Legeprozess wird dadurch erleichtert, dass die vorgegebenen Silhouetten in Originalgröße Anhaltspunkte in Bezug auf Form und Größenverhältnisse geben.

Im Hinblick auf die unterschiedlichen Lernvoraussetzungen der Kinder ergeben sich grundlegende und erweiterte Anforderungen. Ziel dieser Stunde soll es nicht sein, alle Lösungsstrategien zu finden und nicht alle SchülerInnen sollen in der Lage sein, diese Strategien bewusst zu entdecken und zu verbalisieren. Das Gemeinte darf somit auch über das Präsentieren mit den Tangram- Teilen dargestellt werden. Die grundlegende Anforderung die sich daraus ergibt, ist das erfolgreiche Auslegen von Tangram- Figuren und die selbstständige, ihren Voraussetzungen entsprechende, Auswahl und Bearbeitung der Figuren aus dem differenzierten Angebot [Feder (leicht)/ Stein(schwer)]. Einzelnen SchülerInnen überlasse ich nicht diese Wahl, da sie ihre Lernvoraussetzungen möglicherweise falsch einschätzen. Die Demonstrationen der impliziten Strategien gehören zu den erweiterten Anforderungen und müssen nicht von jedem Kind gekonnt werden.

5.6   Methodische Analyse

In meiner handlungsorientierten Unterrichtsreihe zum Thema „Tangram- Figuren auslegen" soll das Kernanliegen der Einheit durch *entdeckendes Lernen* als auch durch *erfahrungsbezogenen Unterricht* realisiert werden, da die SchülerInnen dazu angeleitet werden, selbstständig und handelnd Legestrategien zu entdecken. Dieses Vorgehen lässt sich damit begründen, dass die Verinnerlichung geometrischer Begriffe im Grundschulalter über Handlungserfahrungen, über den Umgang mit vielfältigen, konkreten Materialien und Modellen erfolgen muss. Die SchülerInnen sollen Entdeckungen machen, ihr Wissen konstruieren, neue Fähigkeiten anwenden und Geometrie betreiben.[18] Aus diesem Grund herrscht in der gesamten Einheit die enaktive Ebene vor. Für den Einstieg habe ich eine auszulegende Figur gewählt, die einen purzelbaummachenden Menschen darstellt, sodass sie von allen Seiten im Sitzkreis gesehen werden kann. Der Schwierigkeitsgrad ist so gewählt, dass sie in nicht allzu langer Zeit auszulegen sein dürfte, andererseits aber auch die Problemstellung als Anlass zum Finden von Legestrategien verdeutlicht. Die Lehrer- und Schüler- Tangrams bestehen aus Moosgummi. Die Tangrams der SchülerInnen besitzen im Ausgangsquadrat eine Kantenlänge von 10cm, das Lehrer-Tangram ist viermal so lang. Die Tangrams der Kinder sind in 6 verschiedenen Farben geschnitten worden, damit die Spiele benachbarter MitschülerInnen nicht durcheinander geraten.

Die zentrale Sozialform in dieser Unterrichtseinheit ist Einzelarbeit mit der Option, sich mit dem Tischnachbarn auszutauschen, da jedes Kind die Möglichkeit haben soll, selbst mit dem Tangram in seinem individuellen Lerntempo, zu arbeiten. Die geometrische Sprachkultur und soziale Kompetenz soll gefördert werden und aus diesem Grund soll auch die Kommunikation mit dem Partner nicht unterbunden werden. Außerdem können die SchülerInnnen so Hilfe von anderen MitschülerInnen bekommen.

Hinsichtlich der qualitativen Differenzierung werden verschiedene Figuren zur Verfügung gestellt, sodass Zusatzmaterialien für jedes Kind vorhanden sind. Schwächere Schüler haben zudem die Möglichkeit, sich ein Blatt mit einigen eingezeichneten Hilfslinien zu nehmen. Dieser Hinweis wird

---

[18] Vgl. Radatz & Rickmeyer 1991, S. 12.

jedoch nur in Einzelfällen gegeben, da einige SchülerInnen mit mangelnder Anstrengungsbereitschaft sonst unnötig früh auf dieses Angebot zurückkommen. Ausschließlich der Schüler Bajro (und evtl. Alissa) soll seinen Lernvoraussetzungen entsprechend von mir Figuren bekommen, bei denen alle Hilfslinien eingezeichnet sind.

Auf den zusätzlichen Gebrauch von Lösungsblättern oder –schablonen zur Selbstkontrolle wurde verzichtet, da den SchülerInnen deutlich werden dürfte, dass sie noch nicht richtig ausgelegt haben, wenn Teile der Umrissfigur noch nicht abgedeckt sind.

5.7   Teilziele des Kernanliegens

5.7.1   Sachkompetenz

Die Schülerinnen und Schüler sollen die Tangram- Regeln anwenden, bekannte geometrische Formen durch ihre Eigenschaften im Spiel wieder erkennen, Formen zueinander in Beziehung setzen und passend legen, indem sie die vorgegebenen Silhouetten selbstständig auslegen und dabei auch unbewusst implizite Legestrategien anwenden, damit ihre visuelle Wahrnehmungsfähigkeit, ihr räumliches Vorstellungsvermögen sowie grundlegende geometrische Kenntnisse geschult werden.

5.7.2   Methodenkompetenz

Die Schülerinnen und Schüler sollen lernen Entdeckungen zu machen, indem sie sich intensiv und produktiv mit der Aufgabe auseinandersetzen und auf eigenen Lösungswegen Besonderheiten entdecken. Zudem haben sie die Möglichkeit ihr Darstellungsvermögen zu schulen, indem sie ihre Lösungsstrategien verbalisieren oder mit Hilfe des großen Tangrams zeigen.

5.7.3   Sozialkompetenz

Die Schülerinnen und Schüler diskutieren mit ihrem Partner verbal oder nonverbal eigene Legestrategien und werden dadurch in ihrer Kommunikationsfähigkeit gefördert. Sie geben sich gegenseitig Hilfestellungen, indem sie mit dem Partner zusammen arbeiten und diesem gegebenenfalls Zusammenhänge erklären.

5.7.4   Selbstkompetenz

Die Schülerinnen und Schüler sollen ihr Vertrauen in die eigene Problemlösungsfähigkeit stärken, indem sie selbstständig an der Lösung des geometrischen Problems des Auslegens arbeiten. Des Weiteren sollen sie in ihrer Selbstständigkeit gefördert werden, indem sie die Aufgaben nach selbst gewähltem Schwierigkeitsgrad bearbeiten.

6   Verlaufsplanung der Einheit

Phasen	Handlungsschritte	Methodischer Kommentar
Einstieg *2 min*	Die LAA begrüßt die SchülerInnen und den Besuch im **Sitzkreis**. Ein Kind stellt das Datum und die Tagestransparenz vor. Den Kindern wird nun die Verlaufsplanung transparent gemacht, indem die LAA die Einheit in den Zusammenhang der Reihe einbettet. Ein Kind stellt den Stundenverlauf vor.	Durch den Sitzkreis haben alle Kinder eine gute Sicht auf die Materialien. Der Kreis lenkt den Blick der Kinder auf die Arbeitsaufträge. Die LAA hat so alle SchülerInnen gut im Blick.
Erarbeitung *8-10 min*	Zur Wiederholung wird das bereits bekannte Spiel „*Mein rechter, rechter Platz ist frei. Ich wünsche mir das rote Parallelogramm herbei.*" gespielt. Die LAA lässt die Tangram- Regeln wiederholen. Die LAA präsentiert als stiller Impuls eine Umrissfigur. Die SchülerInnen können sich dazu spontan äußern und legen diese mit den Tangram- Formen aus. Wenn die SchülerInnen dieses nach einigen Fehlversuchen geschafft haben, wird die Überlegung aufgeworfen, ob es bestimmte Tricks oder Strategien gibt, die einem beim Legen des Tangrams helfen könnten. Erste Vorschläge/ Vermutungen werden an der Tafel gesammelt, sofern die Kinder schon Ideen haben. Den SchülerInnen wird das Ziel der Einheit transparent gemacht. Die LAA präsentiert die Organisation der Arbeitsphase. (Wahl aus Feder und Stein, Hilfsblätter) Ein Kind verbalisiert den Arbeitsauftrag und Reflexionsauftrag.	Dieses Spiel dient dem Auffrischen der Begriffe Kreis, Rechteck, Quadrat, Parallelogramm und Dreieck. Dies wird gemacht, damit sich die Regeln für alle SchülerInnen festigen, da diese schließlich eingehalten werden müssen, damit das Tangram- Spiel erfolgreich gespielt werden kann. Das Plakat hierzu ist den Kindern die ganze Zeit über transparent. Sollten die SchülerInnen auch nicht gemeinsam auf eine Lösung kommen, fügt die LAA still einen Teil ein. Die Zieltransparenz erwächst aus der erarbeiteten Aufgabe und wird daher erst jetzt gegeben.

10

	Die LAA entlässt die SchülerInnen in die Arbeitsphase.	
Arbeitsphase 25 min	Die SchülerInnen arbeiten alleine oder mit dem Tischnachbarn an den differenzierten Silhouetten.	Die SchülerInnen bekommen zu Beginn eine gleiche, einfache Umrissfigur, damit sich alle Kinder zuvor mit der in der Reflexion benutzten Figur auseinandergesetzt haben.
	Die LAA und die Klassenlehrerin stehen bei aufkommenden Fragen zur Verfügung.	Die LAA regt bei aufkommenden Schwierigkeiten zur genauen Betrachtung der Figuren, zum Gespräch mit dem Tischnachbar an und lässt bei starken Schwierigkeiten ein Hilfsblatt nehmen. Durch die Wahl von Einzel- oder Partnerarbeit wird gewährleistet, dass sich jedes Kind handelnd mit dem Gegenstand auseinandersetzen kann und die Möglichkeit zum hilfreichen Austauschen bekommt.
Reflexionsphase ca. 10 min	Die SchülerInnen sprechen im **Sitzkreis** über ihre Ergebnisse und eventuell auftauchende Probleme. Die Kinder präsentieren ihre Vorgehensweisen an der ausgewählten Reflexionsfigur. Anhand unterschiedlicher Lösungswege werden die Legestrategien verdeutlicht.	Die LAA regt die SchülerInnen an, ihre Legestrategien am großen Tangram durch Handeln und Verbalisieren des Lösungsweges vorzustellen. Mögliche Impulse können sein: Zeige, wie du vorgehst. Beschreibe, wie du vorgehst/ was du tust/ was du überlegst. Mit welchem Teil fängst du an? Warum?
	Die LAA hält die Ergebnisse auf einem Plakat fest. Zum Abschluss gibt die LAA einen kurzen Ausblick auf die nächste Stunde.	

7 Literatur

- **Gawlista, Kerstin:** Das Tangram.   Spielend geometrische Grunderfahrungen machen. In: Grundschulmagazin 3/2000, S. 16-118.

- **Krauthauen, Günter & Scherer, Petra:** Einführung in die Mathematikdidaktik. 2. Auflage. Heidelberg: Spektrum Akademischer Verlag 2003.

- **Ministerium für Schule und Weiterbildung des Landes Nordrhein-Westfalen:** Lehrplan Mathematik für die Grundschule. Frechen: Ritterbach Verlag 2008.

- **Müller, Gerhard N. & Wittmann, Erich Ch.:** Das Zahlenbuch. Mathematik im 2. Schuljahr. Lehrerband. Leipzig: Klett 2000.

- **Müller, Gerhard N. & Wittmann, Erich Ch.:** Spielen und Überlegen. Die Denkschule. Teil 1. Leipzig: Klett 1997.

- **Radatz, Hendrik & Rickmeyer, Knut:** Handbuch für den Geometrieunterricht an Grundschulen. Hannover: Schroedel Verlag 1991.

- **Schmidt Spiele:** Tangram, Bedienungsanleitung.

8 Anlagen

1. Laufzettel für die Lernecke, mit den dort zu findenden Umrissfiguren
2. Einstiegs- Umrissfigur
3. gemeinsame Umrissfigur für die Reflexion

Name: _____

Wir legen Tangram- Figuren aus und finden Tricks

Diese Figuren habe ich ausgelegt: ✓◯

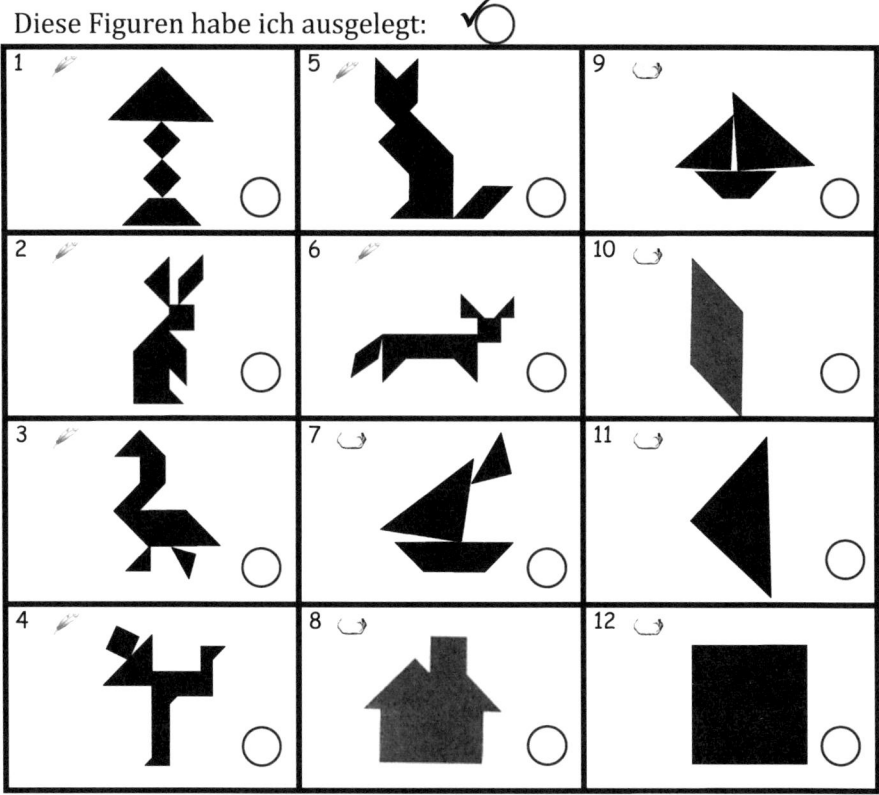

🔍 **Meine Tangram- Tricks:**

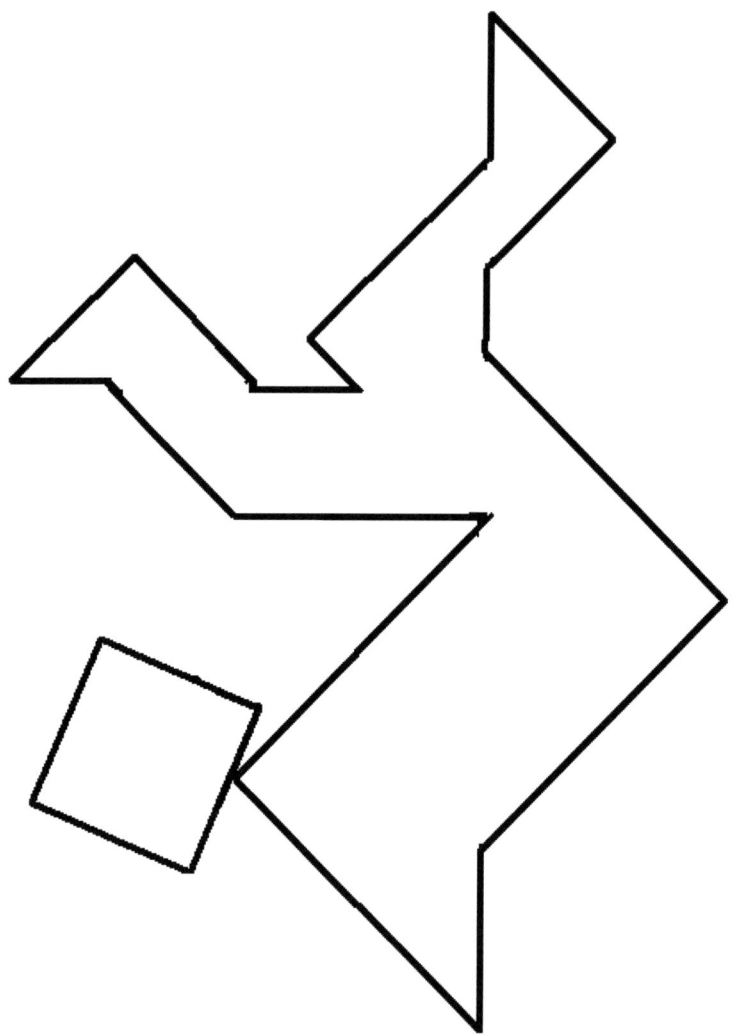

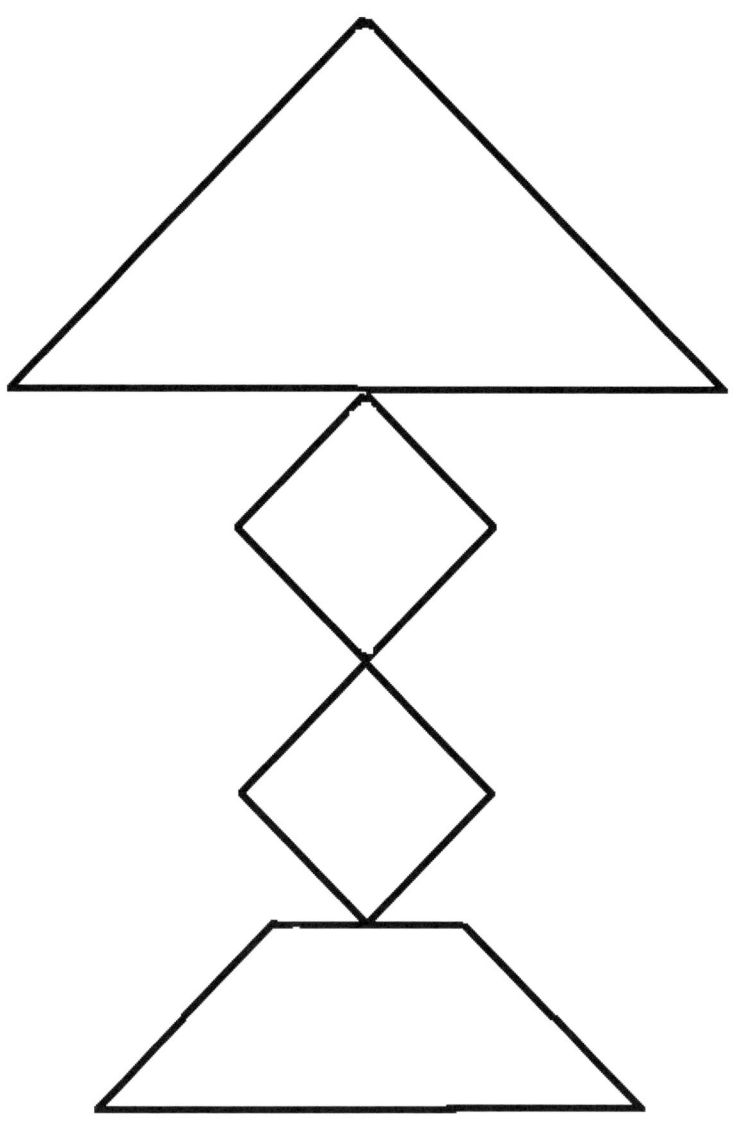

BEI GRIN MACHT SICH IHR WISSEN BEZAHLT

- Wir veröffentlichen Ihre Hausarbeit, Bachelor- und Masterarbeit

- Ihr eigenes eBook und Buch - weltweit in allen wichtigen Shops

- Verdienen Sie an jedem Verkauf

Jetzt bei www.GRIN.com hochladen und kostenlos publizieren